U0866445

设计理想的家

中式家居轻图典

叶斌　叶猛◎编著

海峡出版发行集团 THE STRAITS PUBLISHING & DISTRIBUTING GROUP | 福建科学技术出版社 FUJIAN SCIENCE & TECHNOLOGY PUBLISHING HOUSE

目录

客　厅

卧　室

其他功能区

客厅

主要装修材料

实木花格

米色网纹墙砖

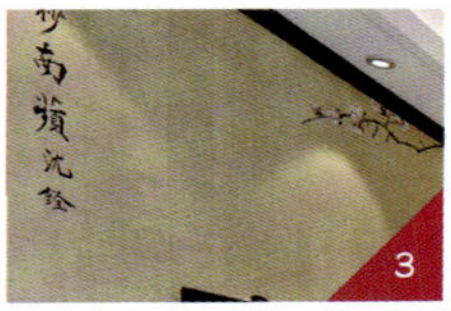

印花壁纸

装饰银镜

橡木地板

混纺地毯

米色网纹玻化砖

中花白大理石

新中式风格，现代与传统的交融

新中式风格将现代元素和传统元素完美融合，既融入了中国传统家居设计的内涵，又融合了现代设计的新形式、新理念，备受人们青睐。

在传统的中式风格家居设计中，客厅、厨房、卧室是相对独立的，而新中式风格吸收了现代空间设计的理念，在布局上强调空间的连贯和相互渗透。优良的新中式家具讲究造型的简约流畅，并在设计中融入了现代人体工程学的研究成果，让家具兼具美观与实用性。

主要装修材料

布纹壁纸

浅灰网纹玻化砖

云纹大理石

胡桃木花格

主要装修材料

米色网纹墙砖

皮革硬包

金箔装饰线

混纺地毯

主要装修材料

布艺硬包

橡木地板

文化石

米色网纹玻化砖

装饰银镜

主要装修材料

实木装饰线密排

浅灰网纹玻化砖

墙砖墙砖

实木格栅

黑白根大理石波打线

文化石

米色肌理漆

复合实木地板

1

2

3

主要装修材料

浅灰网纹墙砖

爵士白墙砖

胡桃木装饰线

实木格栅

皮革硬包

胡桃木花格拱门

胡桃木垭口

米色网纹玻化砖

主要装修材料

印花壁纸

金箔装饰线

石膏装饰线

爵士白大理石

黑金花大理石波打线

实木装饰线密排

米色肌理漆

胡桃木饰面板

主要装修材料

装饰组画

茶色印花玻璃

浅灰网纹玻化砖

山水纹大理石

米色网纹玻化砖

电视背景墙的设计原则

电视背景墙是客厅的亮点。电视背景墙应根据居室的整体装修风格、户型及业主的喜好来设计。

电视背景墙的大小跟客厅的面积应是成比例的，与墙体的形状也有关系，太大或太小都会显得不协调，大小适中才能起到点睛的作用。电视背景墙的设计应考虑到大小、颜色、材质、造型等。一般来说，简单大方的背景墙比较耐看，雕龙绣凤，五彩缤纷的背景墙往往好看但不耐看。

特别需要注意的是，电视背景墙和电视间的距离不能过近，许多材质如木头或墙纸会因为电视辐射产生的巨大热量而发黄发黑甚至变形。

主要装修材料

钢化清玻璃隔断

浅灰网纹玻化砖

实木镂空屏风

浅灰色布纹壁纸

胡桃木金刚板

山水纹大理石

黑白根大理石波打线

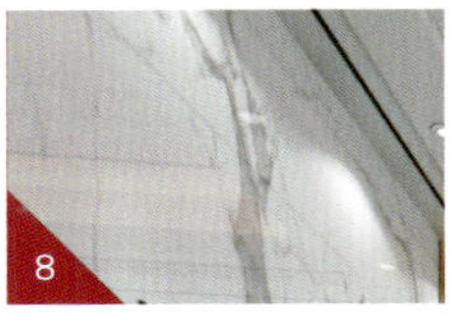

爵士白墙砖

1
2

3

4

主要装修材料

印花壁纸

胡桃木金刚板

橡木饰面板

浅灰花亚光地砖

装饰银镜

米色壁布

米黄网纹墙砖

仿砂岩涂料

主要装修材料

浅灰网纹玻化砖

井字形吊顶

密度板拓缝

黑白根大理石

实木花格

主要装修材料

装饰灯带

胡桃木垭口

木花格贴银镜

山水纹大理石

撞色拼贴地砖

主要装修材料

实木镂空屏风

肌理墙漆

浅灰网纹玻化砖

山水纹大理石

主要装修材料

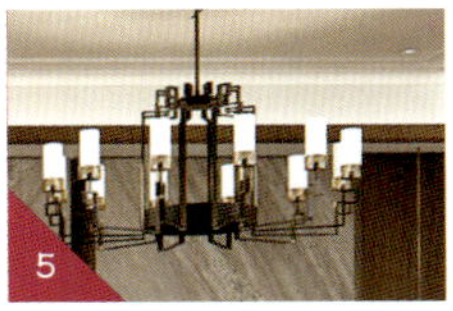

造型吊灯

胡桃木装饰线

装饰灯带

仿木纹墙砖

主要装修材料

装饰组灯

橡木地板

胡桃木搁板

不锈钢装饰线

实木格栅

爵士白大理石

浅灰壁布

浅灰网纹玻化砖

客厅设计的要点

客厅的布局，关系到日常生活的便捷度，无论是侧边通过的客厅还是中间横穿的客厅，其交通线的布局，都应确保进入客厅或通过客厅的顺畅。客厅使用的家具，应充分考虑家庭活动的适用性和家庭成员的喜好。

客厅的色调很重要，有些业主觉得客厅是招待客人的地方，要使用暖色调；实际上，如果客厅的空间不大，大面积使用暖色会使客厅看起来很拥挤。其实可以结合使用冷色调，如白色会让空间看起来更宽敞，同时也会让空间显得更整洁明亮。

主要装修材料

条纹壁纸

胡桃木装饰线

山水纹大理石

木格栅

橡木地板

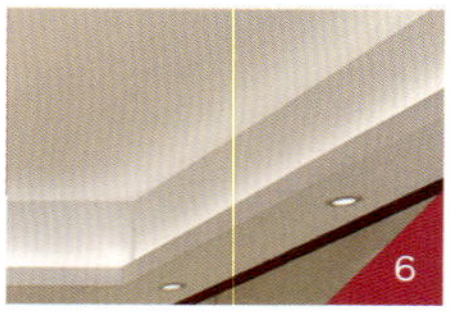

装饰灯带

巨幅装饰画

仿洞石墙砖

5

6

7
8

主要装修材料

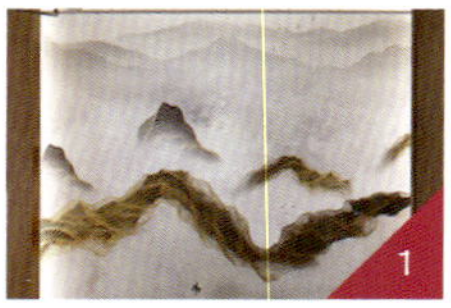

印花壁纸

实木格栅推拉门

浅灰网纹玻化砖

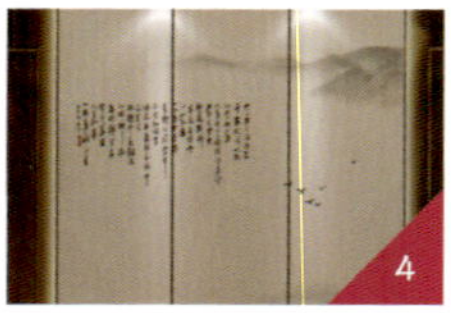

定制硬包

主要装修材料

跌级吊顶

板岩砖

云纹大理石

胡桃木饰面板

客厅花卉绿植的选用与布置原则

客厅是一家人常坐的地方，是亲朋好友聚会的地方，在客厅摆放合适的绿植能让空间充满生命力，让人产生喜悦的心情。可以选择一些有美好寓意的植物。植物的高低和大小要与客厅的大小成比例，并根据植物的生长习性将其安排在恰当的位置。对脱落、发蔫、腐烂的植物，应及时处理。

主要装修材料

麻布硬包

混纺地毯

复合实木地板

主要装修材料

浅啡细格纹壁布

米色网纹玻化砖

装饰灯带

浅灰网纹玻化砖

木花格嵌磨砂玻璃推拉门

装饰吊灯

装饰屏风

石膏造型吊顶

主要装修材料

米色网纹大理石垭口

实木装饰线密排

黑白根大理石波打线

木格栅贴茶镜

主要装修材料

胡桃木饰面板

爵士白墙砖

浅灰网纹玻化砖

有色乳胶漆

主要装修材料

米色壁布

胡桃木饰面板

回字形波打线

山水纹大理石

井字形吊顶

木格栅隔断

爵士白大理石

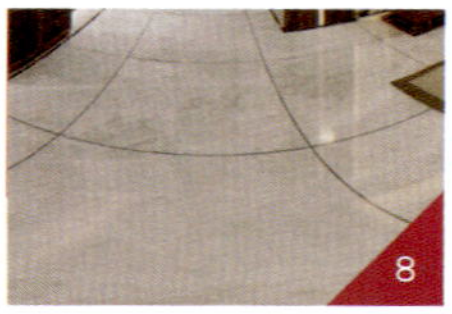

浅灰网纹玻化砖

客厅工艺品的摆放以少而精为佳

为客厅配置工艺品要遵循少而精的原则，工艺品应与客厅的整体格调相协调，能辅助突出客厅的主题意境。摆放的数量不宜过多，以免显得散乱；更不宜选择色彩杂乱、与客厅装修风格不合的饰品，否则不仅不能起到点缀客厅的作用，反而会破坏客厅的整体美感。

主要装修材料

仿木纹壁纸

木格栅

泰柚木地板

米色乳胶漆

浅灰亚光地砖

主要装修材料

深啡网纹大理石

爵士白墙砖

米色网纹玻化砖

云纹大理石

主要装修材料

山水纹大理石

米色玻化砖

胡桃木地板

金箔壁纸

拼花地砖

实木花格隔断

装饰灰镜

米色壁布

玄关常用的隔断方式

玄关通常与客厅或餐厅相连，为了区分不同的功能区，可采用屏风、多宝格、展示柜等作为隔断，也可让装修公司设计一面展示墙作为隔断。

隔断的材料、造型及颜色一定要和整体装修风格相协调。不同风格所用的装饰手法不同，现代风格多采用玻璃屏风，如用磨砂玻璃这样半透半遮的材质来做玄关隔断，透光性好，又可以制造丰富的空间层次；中式风格的隔断则可以通过木格栅、中式花格、鱼缸等元素来达成，让空间隔而不断，相互间产生关联与呼应。

主要装修材料

黑白根大理石

木格栅贴灰镜

定制硬包

爵士白大理石

米色网纹大理石垭口

不锈钢装饰条

木格栅

橡木搁板

主要装修材料

木纹壁纸

有色乳胶漆

橡木地板

不锈钢装饰线

浅灰网纹玻化砖

主要装修材料

橡木地板

装饰银镜

石膏装饰线

爵士白大理石

木花格贴茶镜

木格栅

有色乳胶漆

米黄网纹地板

中式风格家居的对称美

东方美学讲究“对称”，对称的设计能够减少视觉上的冲击力，给人一种沉稳、典雅的视觉感受。大到门窗、立柱的对称设计，家具的对称排列，小到装饰品的对称摆放，中式家居的对称之美体现在设计的方方面面。在材料的使用上，中式风格的家居多采用实木材质，色调沉着，样式精致。

主要装修材料

胡桃木饰面板

爵士白大理石

实木花格

装饰金镜

浅灰网纹玻化砖

主要装修材料

布艺硬包

装饰银镜

米色网纹玻化砖

木格栅

橡木金刚板

主要装修材料

中花白大理石

木格栅

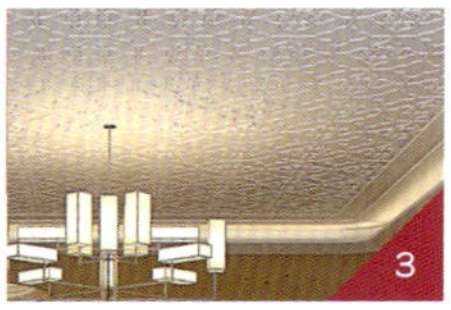

订制花饰吊顶

爵士白大理石

仿砂岩涂料

主要装修材料

印花壁纸

皮革硬包

浅灰网纹玻化砖

胡桃木饰面板

主要装修材料

胡桃木装饰线

米色网纹玻化砖

石膏装饰线

实木花格贴茶镜

装饰灯带

不锈钢装饰线

山水纹大理石

皮革硬包

卧室

依居室的朝向搭配窗帘

窗户朝向东方：早上，窗户朝东的房间会迅速地聚集大量光线，可以选择质感柔和的百叶帘或垂直帘。窗帘的厚度要合适，太厚会显得房间阴暗，太薄阳光会刺眼。

窗户朝向南方：朝南的窗户一年四季都有充足的光线，自然光含有大量的热量和紫外线，尤其在炎热的夏季，因此，日夜帘是不错的选择，白天既能透光，又能减小光线的热量和亮度。

窗户朝向西方：窗户朝西的居室应避免夕阳晒到家具，可选择百叶帘、风琴帘、百褶帘、木帘、布艺帘。还可选择经过特殊处理的窗帘，它们可以减弱光照的强度。

窗户朝向北方：为享受清新均匀的光线，可选择风琴帘，也可以考虑将纱帘与布艺帘搭配使用。

主要装修材料

有色乳胶漆

橡木地板

实木装饰线密排

暗藏灯带

混纺地毯

定制硬包

复合实木地板

装饰灯带

主要装修材料

木格栅

混纺地毯

木纹金刚板

装饰茶镜

胡桃木饰面板

主要装修材料

硬包

浅棕色壁纸

泰柚木地板

胡桃木装饰线

实木花格贴银镜

印花壁纸

不锈钢装饰线

复合实木地板

主要装修材料

米色布纹壁纸

复合实木地板

皮革硬包

米色肌理漆

混纺地毯

水泥板

装饰灯带

胡桃木地板

主要装修材料

白枫木搁板

订制壁纸

石膏装饰线

立体印花壁纸

木纹金刚板

软木地板

软木地板被称为“地板的金字塔尖上的消费”，主要材质是橡树的树皮，它安装方便，不用拆除旧地板便可以铺设。与实木地板相比它更环保，隔声、防潮的效果也更佳，具有很好的弹性和韧性，它能够产生缓冲，有效降低摔倒带来的伤害，非常适合有老人和幼儿的家庭使用。判断软木地板的优劣，主要看它是否采用了更多的软木。相对于其他类型的地板，软木地板更具艺术性，它通常可以搭配各种各样的图案和颜色，跟其他摆设融为一体，让居室更加美观。

主要装修材料

装饰灯带

米色布纹壁纸

胡桃大地板

布艺硬包

复合实木地板

不锈钢装饰线

装饰组画

皮革硬包

1
2

3

主要装修材料

布纹壁纸

复合实木地板

不锈钢装饰线

跌级吊顶

米色壁纸

装饰木桁架

布艺硬包

实木花格

主要装修材料

装饰灯带

复合实木地板

装饰壁灯

皮革硬包

印花壁纸

主要装修材料

有色乳胶漆

胡桃木镂空装饰线

装饰灰镜

布纹壁纸

混纺地毯

如何挑选灯具

灯具的选择应遵循以下原则：

与房间的高度相适应。居室高度在2.6米以下时，不宜选用长吊杆的吊灯及垂度高的水晶灯，以免造成安全问题。

与房间的面积相适应。灯饰的面积不应大于房间面积的2%～3%，否则将产生灯饰的大小与空间的大小不匹配的问题。如照明不足，可增加灯具数量作为补充。

与整体的装修风格相适应。灯具要与整体的装修风格协调统一。

与房间的环境相适应。卫生间、厨房等特殊环境，应该选择有防潮、防水功能的灯具，以保证其正常运作。

与顶部的承重能力相适应。居室的顶部，必须能承受足够的载荷，才能安装较重的灯具。

主要装修材料

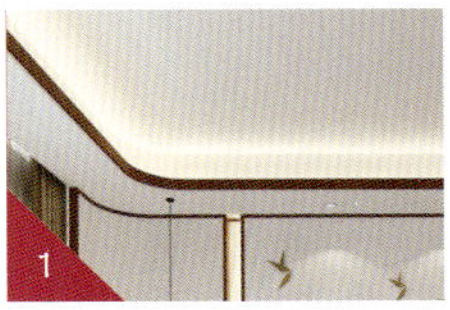

胡桃木装饰线

橡木饰面板

米色壁布

印花壁纸

不锈钢装饰线

橡木地板

印花壁贴

复合实木地板

1
2

3
4

主要装修材料

木质窗帘盒

胡桃木地板

印花壁纸

米色壁布

石膏装饰线

胡桃木装饰线

印花银镜

仿古地砖

主要装修材料

胡桃木饰面板

米色壁布

订制硬包

橡木装饰线

主要装修材料

印花壁纸

木纹金刚板

胡桃木垭口

混纺地毯

主要装修材料

定制硬包

布纹壁纸

石膏装饰线

白枫木装饰线

装饰组画

有色乳胶漆

布纹壁纸

艺术地毯

7

红色实木顶角线

选择实木作为顶角线，可以为居室带来端庄的氛围，营造出丰富的层次感。设计时应根据室内的家居风格来选择实木的品种及颜色。在传统的中式风格与美式风格家居设计中，顶角线多采用红色实木，例如，红橡木、红松木、红樱桃木等，它们能够给居室带来典雅的色彩和精致的装饰效果。

8

主要装修材料

石膏装饰线

印花壁纸

橡木金刚板

有色乳胶漆

胡桃木装饰线

复合实木地板

不锈钢装饰线

印花壁纸

主要装修材料

布纹壁纸

跌级吊顶

泰柚木垭口

实木花格

实木装饰线

胡桃木地板

艺术地毯

胡桃木饰面板

主要装修材料

布纹壁纸

橡木地板

巨幅装饰画

棕色壁布

布艺硬包

仿砂岩涂料

皮革硬包

胡桃木饰面板

室内屏风在中式家居中的应用

屏风有丰富的历史及美学内涵，集家具艺术、绘画艺术、雕塑艺术于一身，是传统家具的重要组成部分。屏风一般陈设于室内的显著位置，起到分隔、美化、挡风、协调等作用，为居室带来和谐、宁静、典雅之美。

屏风能营造一种灵动朦胧的美，让人产生无限的遐想。如果门厅与客厅相连，没有隔断客厅就会一览无余，有个屏风，空间就会变得更富有层次感。现在许多家庭的客厅与餐厅是贯通的，两个功能区除了可以用橱柜加以区分外，还可以做一个优雅的屏风，隔而不断，让两个空间既有距离，又能相互呼应。

主要装修材料

订制硬包

条纹立体壁纸

胡桃木装饰线

装饰灯带

胡桃木饰面板

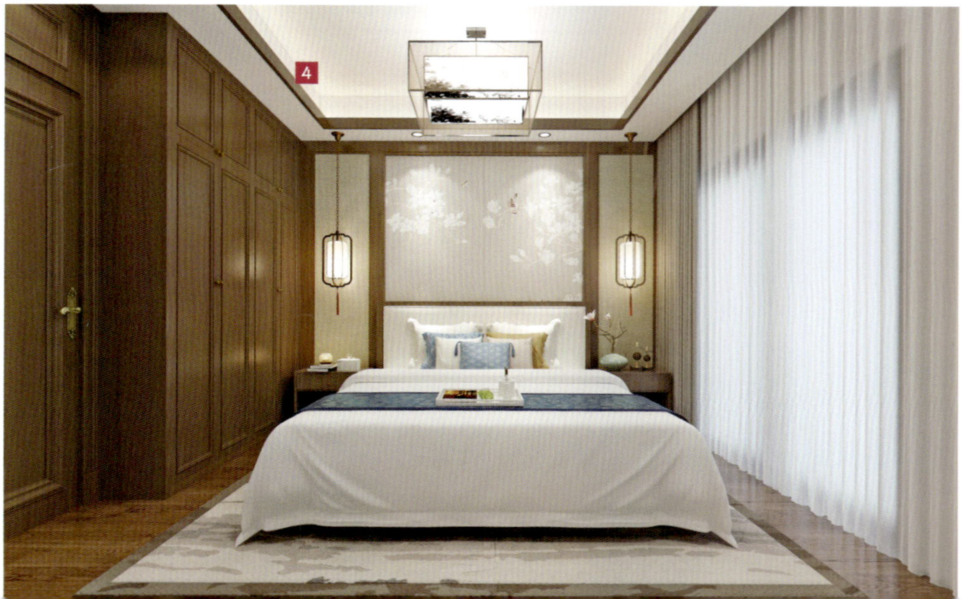

主要装修材料

凹凸饰面板

布纹壁纸

胡桃木金刚板

布艺硬包

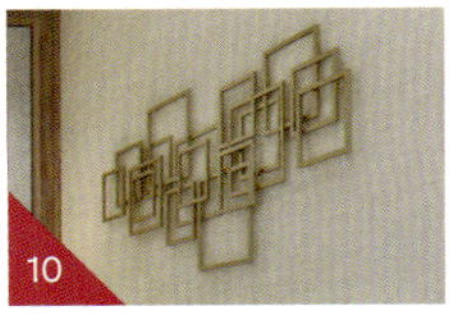

造型挂饰

主要装修材料

定制硬包

米色肌理漆

复合实木地板

胡桃木饰面板

跌级吊顶

装饰灯带

实木嵌磨砂玻璃屏风

皮革硬包

如何让卧室照明更加柔和

卧室是家居装修中很重要的空间，卧室装修的好坏直接关系一家人休息的质量。在设计卧室的灯光时不仅要重视私密度，还要着重营造温馨的氛围。因此，卧室的照明应柔和、温暖、层次丰富。卧室照明的灯光不能太强也不宜过白，否则会让空间看起来很呆板。在选用天花板的吊灯时，应选用暖色光的灯具，同时配以合适的灯罩，灯具不宜过于笨重，光线的照射方向也应着重考虑。同时，还可以在床边设置暖色光源的壁灯或落地灯，增加卧室灯光的层次，营造更为柔美舒适的卧室氛围。

主要装修材料

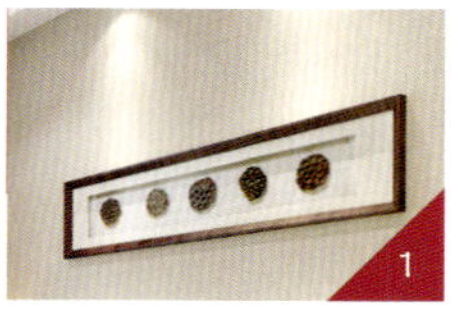

装饰画

木纹金刚板

不锈钢装饰线

有色乳胶漆

橡木地板

印花壁纸

主要装修材料

胡桃木踢脚线

混纺地毯

装饰灯带

米色壁纸

复合实木地板

护墙板

皮革硬包

米色肌理漆

用窗帘营造浪漫的氛围

提花布窗帘：布面装饰有精致的提花，可选纹样多，适合装饰于客厅、卧室、书房、长辈房。

绸缎、植绒窗帘：质地细腻，手感柔软，光泽度好，遮光、隔音效果都不错，价格相对较高，适用于卧室。

窗纱：材质较轻薄且半透明，适用于需营造气氛或想让阳光稍稍透进来又能有半阻隔屏风功能的环境。

竹帘：纹理清晰，采光效果好，而且耐磨、防潮、防霉、不褪色，适合用于客厅和阳台。

主要装修材料

橡木地板

印花壁纸

中式吸顶灯

皮革硬包

米色布纹壁纸

胡桃木金刚板

布艺硬包

复合实木地板

主要装修材料

订制硬包

胡桃木饰面板

条纹壁纸

新中式吊灯

橡木地板

布艺硬包

订制挂饰

胡桃木踢脚线

其他功能区

设计厨房时应考虑有害气体的处理

烹饪过程中产生的不少气体会对人体健康产生危害，如油烟，除含有一氧化碳、二氧化碳和颗粒物外，还含有丙烯醛、环芳烃等有机物质。尤其是开放式的厨房，空气流动的范围较大，如果抽油烟机不能很好地聚敛烹饪产生的油烟，就会造成餐厅和客厅的油烟废气污染。降低油烟污染的方法首先是加强厨房的排换气系统，其次是改变烹调方式，减少煎、炸、炒等容易产生大量油烟的烹饪方式。还可以在厨房和餐厅之间设置一个轨道推拉玻璃门，下厨的时候拉上防止油烟扩散，下完厨拉开通风换气。

主要装修材料

1 井字形吊顶

2 黑白根大理石踢脚线

3 浅灰网纹玻化砖

4 波浪造型吊顶

5 爵士白大理石

6 木质中式拱门

7 复合实木地板

8 米色布纹壁纸

主要装修材料

爵士白仿大理石无缝砖

波浪造型吊顶

中灰花玻化砖

铁艺装饰吊架

米色网纹玻化砖

主要装修材料

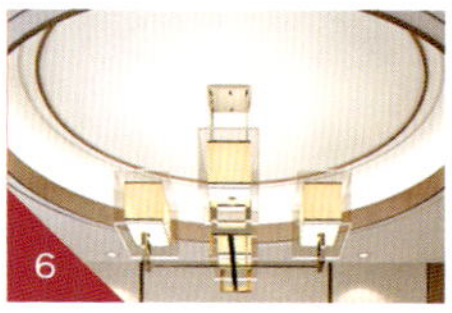

装饰灯带

定制立体墙中饰

中花白地砖

实木装饰线密排

橡木地板

主要装修材料

实木花格嵌磨砂玻璃推拉门

橡木地板

花式造型吊灯

浅灰网纹玻化砖

主要装修材料

黑白根大理石波打线

胡桃木饰面板

灰色亚光地砖

米色壁布

云纹大理石

主要装修材料

浅啡网纹玻化砖

爵士白仿大理石墙砖

橡木踢脚线

米色网纹玻化砖

胡桃木金刚板

实木花格嵌玻璃推拉门

定制硬包

复古拼花地砖

怎样选择抽油烟机

选择排烟率高的

厨房的油烟对人体的呼吸系统会产生严重的伤害，安装抽油烟机的目的就是为了及时抽走烹饪过程中产生的大量油烟，减少室内污染。因此，在选择机型时首先应考虑抽油烟机的排烟效果。排烟效果好的抽油烟机，开机时间短，既能减少油烟污染又能节能环保。

选择负压大的

抽油烟机的负压越大，吸油烟能力越强。目前市场上的抽油烟机分为平板式、半深型、深型和柜式等多种类型，因结构不同，产生的负压区也不同，其中以柜式抽油烟机的排油烟效率最高，相对而言也最节能。

选择符合国家标准的

目前，全国生产抽油烟机的厂家有数百家，其中一些只是小作坊，其生产的产品没有经过国家权威部门的认证，很有可能存在安全隐患。所以我们一定要选择国家认证的品牌产品。

选择方便清洗的

在选购抽油烟机的时候，应尽量选购那些不用任何专业工具就能轻松拆卸下网罩和风机涡轮扇叶的机型，以便更彻底、更方便地清洗。

主要装修材料

装饰灯带

不锈钢装饰线

米色网纹玻化砖

木格栅

浅灰壁纸

主要装修材料

黑白根大理石波打线

实木花格拱门

石膏装饰线

米黄网纹墙砖

实木花格屏风

新中式吊灯

米黄肌理漆

橡木地板

花岗岩台面的日常护理

1. 清洁台面时应使用柔软的抹布，清洁剂最好是中性的，非研磨性的，并且在使用时最好兑一定比例的水。

2. 一些清洁力较强的清洁剂可以用来清洁台面，但会留下痕迹，越刺激的产品越容易破坏台面上的养护剂，偶尔使用这些产品是可以的，日常清洁则可以用温水和海绵。

3. 应避免含有柠檬酸、醋或其他酸性物质的产品接触花岗岩台面，以免台面被酸腐蚀。

4. 如果台面有缝隙，应尽量避免把高温的物品放于缝隙处，以免缝隙处的环氧树脂长时间接触高温而融化。

主要装修材料

不锈钢装饰线

木质花格嵌玻璃推拉门

黑金花大理石波打线

装饰灯带

米色乳胶漆

浅灰亚光地砖

布艺硬包

米色肌理壁纸

主要装修材料

装饰组画

米黄网纹玻化砖

米色肌理漆

浅灰亚光墙砖

橡木地板

主要装修材料

装饰银镜

浅灰网纹玻化砖

胡桃木饰面板

黑白根大理石波打线

爵士白大理石

主要装修材料

井字形吊顶

米色网纹玻化砖

石膏装饰线

胡桃木垭口

主要装修材料

印花壁纸

木格栅

装饰灯带

爵士白玻化砖

米色布纹壁纸

木纹金刚板

浅灰网纹玻化砖

黑金花波打线

主要装修材料

中花白无缝砖

浅灰亚光地砖

浅灰网纹大理石垭口

印花壁纸

木纹地砖

木花格嵌清玻璃

细横纹壁纸

黑白根大理石波打线

5

6

橱柜的种类有哪些

目前，人们一般把橱柜分为吊柜、地柜、特殊柜三种。吊柜以存贮物品为主，在满足存贮功能的同时，吊柜的造型、颜色、款式都很多样，应根据厨房的整体风格来选购。地柜也有存贮功能，在地柜中洗涤柜、料理柜和灶柜是厨房必须有的。洗涤柜、灶柜在料理柜的左右两侧。特殊柜用来解决厨房中的特殊问题，如转角柜，能把原本难利用的角落也充分利用起来。

7
8

图书在版编目（CIP）数据

设计理想的家. 中式家居轻图典 / 叶斌，叶猛编著. --福州：福建科学技术出版社，2019.9
ISBN 978-7-5335-5954-0

Ⅰ. ①设… Ⅱ. ①叶… ②叶… Ⅲ. ①住宅 - 室内装饰设计 - 图集 Ⅳ. ①TU241-64

中国版本图书馆CIP数据核字（2019）第157810号

书　　名　设计理想的家　中式家居轻图典
编　　著　叶斌　叶猛
出版发行　福建科学技术出版社
社　　址　福州市东水路76号（邮编350001）
网　　址　www.fjstp.com
经　　销　福建新华发行（集团）有限责任公司
印　　刷　福建彩色印刷有限公司
开　　本　889毫米×1194毫米 1/16
印　　张　6.5
图　　文　104码
版　　次　2019年9月第1版
印　　次　2019年9月第1次印刷
书　　号　ISBN 978-7-5335-5954-0
定　　价　39.80元
书中如有印装质量问题，可直接向本社调换